浪花朵朵

［日］黑川光广 著　　蔡梦瑶 译

ABC 恐龙图册

和我一起学英文，
认识恐龙吧！

中原出版传媒集团
中原传媒股份公司

大象出版社
·郑州·

A
a

Acrocanthosaurus
高棘龙

高棘龙的体形有
霸王龙那么大呢！

　　高棘龙学名的意思是"有高棘的蜥蜴"。它的骨头上的突起从颈部延伸到背部。身长约12米。它作为白垩纪早期最大的肉食性恐龙之一，令植食性恐龙"闻风丧胆"。

B
b

Baryonyx
重爪龙

重爪龙
身长约8米
兽脚类，肉食性恐龙（主食鱼类）
白垩纪早期
英国

　　重爪龙学名的意思是"沉重的爪"。它拥有和鳄鱼相似的长长的头部以及长达30厘米的巨大的指爪。它用指爪捕食鱼类，在它的化石的腹部发现了大量鱼鳞。

高棘龙
身长约 12 米
兽脚类，肉食性恐龙
白垩纪早期
美国

●人类的大小

C

Carnotaurus
食肉牛龙

食肉牛龙长着像牛一样的角啊！

惧龙学名的意思是"令人恐惧的蜥蜴"。它和霸王龙是近亲，它们都拥有强壮的骨骼。除鸭嘴龙（第8~9页）外，它还会攻击野牛龙（第6页）、五角龙（第16~17页）之类的角龙类恐龙。

惧龙
身长约8.5米
兽脚类，肉食性恐龙
白垩纪晚期
加拿大

食肉牛龙学名的意思是"吃肉的牛"。它的头部较小，上面长着两只短而粗的角。前肢非常短小。人们发现了它的较为完整的全身骨骼化石及部分皮肤化石。

食肉牛龙
身长约 8 米
兽脚类，肉食性恐龙
白垩纪晚期
阿根廷

D
d

Daspletosaurus
惧龙

●人类的大小

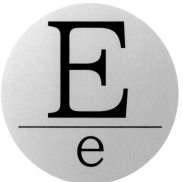

Einiosaurus
野牛龙

野牛龙学名的意思是"野牛蜥蜴"。它的头盾上长有两只长长的角。脸部正面长有一只向下弯曲的大角。有一种说法是，它们和同伴比力气的时候为了不伤害到对方，脸部的角长成了向下弯曲的形状。

野牛龙
身长约 5 米
角龙类，植食性恐龙
白垩纪晚期
美国

野牛龙和我一样，都属于角龙类恐龙呢。

F f

Fukuiraptor
福井盗龙

福井盗龙
身长约 4.2 米
兽脚类，肉食性恐龙
白垩纪早期
日本

●人类的大小

福井盗龙学名的意思是"福井县的盗贼"。1999 年，人们在日本福井县发现了幼年期福井盗龙的化石。它与异特龙是近亲，拥有超过 10 厘米的爪，会大规模地集体狩猎植食性恐龙。

G g

Gastonia
加斯顿龙

加斯顿龙
身长 4~6 米
甲龙类，植食性恐龙
白垩纪早期
美国

哇，好厉害的刺啊！

●人类的大小

加斯顿龙是以化石搜寻者罗伯特·加斯顿（Robert Gaston）的名字命名的。它的身体像铠甲一样坚硬，还长有尖刺，可以保护它免受肉食性恐龙的伤害。和美甲龙（第20页）不同，它的尾巴末端没有尾锤。

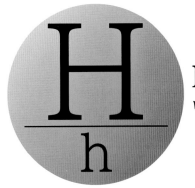

Hadrosaurus
鸭嘴龙

鸭嘴龙
身长约 10 米
鸭嘴龙类，植食性恐龙
白垩纪晚期
美国、加拿大

鸭嘴龙学名的意思是"健壮的蜥蜴"。它的喙形状好似鸭嘴，又宽又扁。它的嘴里长有大量的牙齿，这些牙齿有利于磨碎植物。

Irritator
激龙

激龙学名的意思是"令人烦恼的恐龙"，用来形容科学家在发现它的化石被人工修改过时烦恼的心情。它的头部化石在被发现的时候，曾被误认为是翼龙的。它与重爪龙（第2~3页）是近亲，在河流湖泊中捕食鱼类。

激龙
身长约8米
兽脚类
肉食性恐龙（主食鱼类）
白垩纪早期
巴西

J j

Jobaria
约巴龙

约巴龙
身长约 21 米
蜥脚类
植食性恐龙
侏罗纪中期
尼日尔

古生物学家在撒哈拉沙漠发现了约巴龙的化石。它的名字是以当地神话传说中的动物约巴（Jobar）命名的。作为一只蜥脚类恐龙，它的头部和尾部稍显短小，但是体格健壮，头部的形状很有特色。

●人类的大小

约巴龙是在撒哈拉沙漠中被发现的啊！

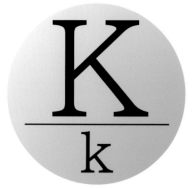

Kentrosaurus
钉状龙

钉状龙
身长约 5 米
剑龙类，植食性恐龙
侏罗纪晚期
坦桑尼亚

　　钉状龙学名的意思是"有尖刺的蜥蜴"。它从背部到尾部长有大量的尖尖的刺。它与剑龙是近亲。剑龙背上的剑板主要用来调节体温，而钉状龙身上的刺是为了抵御肉食性恐龙的攻击。

钉状龙就是用这些厉害的刺和肉食性恐龙战斗呢。

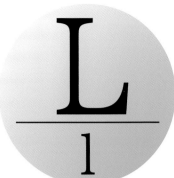

Leptoceratops
纤角龙

纤角龙
身长约 2 米
角龙类，植食性恐龙
白垩纪晚期
加拿大、美国

　　纤角龙学名的意思是"长着小角的脸"。白垩纪晚期，角龙类恐龙纷纷进化出巨大的角和颈盾，而纤角龙是为数不多的依然保持着原始形态的品种。它的前肢脚趾很长，可能具备抓取能力。

●人类的大小

13

Mamenchisaurus
马门溪龙

哇，好长的
脖子啊！

Nemegtosaurus
纳摩盖吐龙

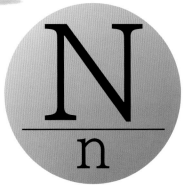

　　纳摩盖吐龙学名的意思是"纳摩盖吐盆地（位
于蒙古）的蜥蜴"。目前发现了它的几乎完整的头
骨化石。它会用宽宽的嘴巴和尖尖的牙齿吃进大量
的植物。

马门溪龙学名的意思是"马鸣溪（中国地名）的蜥蜴"。它脖子的长度占到身体长度的一半。马门溪龙不需要怎么移动身体，只要巧妙地利用长脖子，就能高效地吃到植物。

马门溪龙
身长 22~25 米
蜥脚类，植食性恐龙
侏罗纪晚期
中国

纳摩盖吐龙
身长 12~15 米
蜥脚类，植食性恐龙
白垩纪晚期
蒙古国

●人类的大小

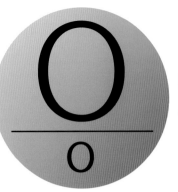

O

O
o

Ornithomimus
似鸟龙

似鸟龙是所有恐龙中跑得最快的。

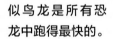

●人类的大小

　　似鸟龙学名的意思是"像鸟一样的"。它的体形很像鸵鸟，跑得很快，喙里没有牙齿。长有3根脚趾，可以抓住物体。有研究者认为它也会吃其他恐龙的蛋。

似鸟龙
身长约3.5米
兽脚类，杂食性恐龙
白垩纪晚期
美国、加拿大

Pentaceratops
五角龙

　　五角龙学名的意思是"长着 5 只角的脸"。除了脸上的 3 只角，颧骨两侧还有两个骨质突起，所以它被命名为五角龙。在角龙类的恐龙中，它的体形仅次于三角龙。

五角龙
身长约 8 米
角龙类，植食性恐龙
白垩纪晚期
美国、加拿大

Quetzalcoatlus
风神翼龙

风神翼龙
翼展 11~12 米
翼龙类，肉食性恐龙（主食鱼类）
白垩纪晚期
美国

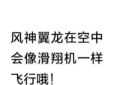

风神翼龙在空中
会像滑翔机一样
飞行哦！

风神翼龙学名的意思是"披羽蛇神（阿兹特克文明里的蛇神）"。它是史上人类已知的体形最大的翼龙。它用来支撑巨大翅膀的骨头像管子一样是中空的，起到了减轻重量的作用。它的嘴里没有牙齿，人们推测它会在内陆湖等地捕食鱼类和甲壳类动物。

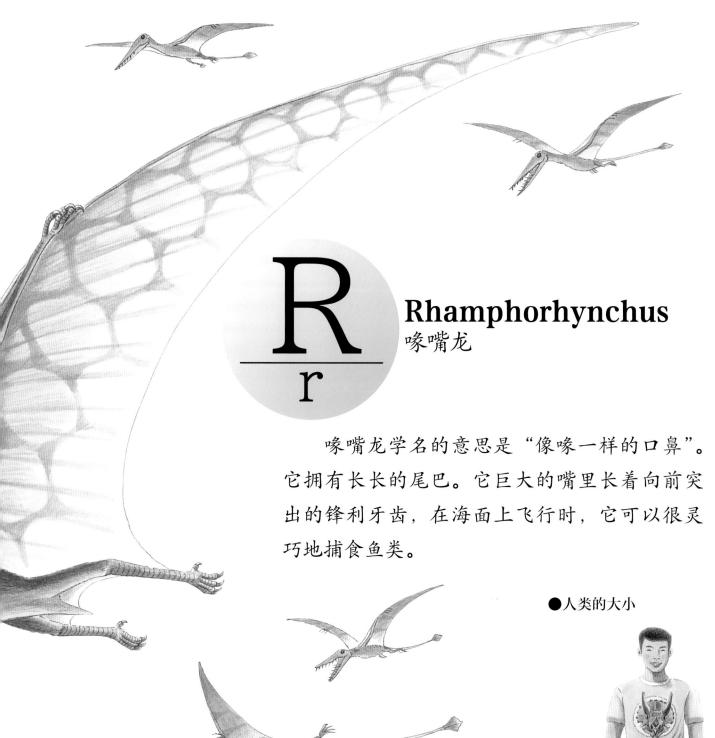

R

Rr

Rhamphorhynchus
喙嘴龙

喙嘴龙学名的意思是"像喙一样的口鼻"。它拥有长长的尾巴。它巨大的嘴里长着向前突出的锋利牙齿，在海面上飞行时，它可以很灵巧地捕食鱼类。

●人类的大小

喙嘴龙
翼展可达 1.81 米
翼龙类，肉食性恐龙（主食鱼类）
侏罗纪晚期
德国、英国、坦桑尼亚

※ 翼龙不是恐龙，属于会飞的爬行动物。

S

S

Saichania
美甲龙

美甲龙的学名源自蒙古语，意思是"美丽"。它得名于蒙古的一处地名。人们发现了它的几乎完整的全身骨骼化石。它的尾巴末端长有尾锤，全身覆盖着尖刺。

● 人类的大小

美甲龙
身长约 7 米
甲龙类，植食性恐龙
白垩纪晚期
蒙古国

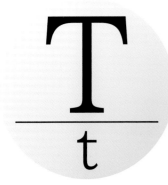

Tyrannosaurus
霸王龙

霸王龙
身长 12~15 米
兽脚类，肉食性恐龙
白垩纪晚期
加拿大、美国

啊，是霸王龙！
太可怕了！

霸王龙学名的意思是"残暴的蜥蜴王"。它拥有庞大而健壮的身体。霸王龙会以家族为单位进行狩猎。它们会袭击鸭嘴龙（第 8~9 页）之类的鸭嘴龙类恐龙和五角龙（第 16~17 页）之类的角龙类恐龙，有时也会吃恐龙的尸体。

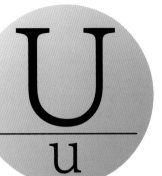

Udanoceratops
安德萨角龙

安德萨角龙
身长约 5 米
角龙类，植食性恐龙
白垩纪晚期
蒙古国

● 人类的大小

　　安德萨角龙学名的意思是"峨丹（蒙古地名）长着角的脸"。它与纤角龙（第 13 页）是近亲，但是体形比纤角龙大很多。它的下颌非常有力，可以咬断棕榈树和苏铁上坚硬的树叶。

Velociraptor
伶盗龙

伶盗龙学名的意思是"敏捷的盗贼"。它的后肢长有大大的爪，捕猎时动作十分敏捷。它非常聪明，体表长有羽毛。

伶盗龙
身长约 1.8 米
兽脚类，肉食性恐龙
白垩纪晚期
蒙古国、中国内蒙古

伶盗龙跑得好快啊！

Wuerhosaurus
乌尔禾龙

乌尔禾龙学名的意思是"乌尔禾（中国地名）的蜥蜴"。它与剑龙是近亲，是恐龙时代最后出现的剑龙类恐龙。背部短短的骨板是它的特征。它的尾部长有4根尖尖的刺，这些刺可以通过腰部神经的控制与肉食性恐龙进行战斗。

乌尔禾龙背上的
骨板好短呀！

乌尔禾龙
身长约6米
剑龙类，植食性恐龙
白垩纪早期
中国

X
X

Xuanhanosaurus
宣汉龙

宣汉龙
身长约 6 米
兽脚类，肉食性恐龙
侏罗纪后期
中国

宣汉龙学名的意思是"宣汉（中国地名）的蜥蜴"。目前发现的它的化石很少，有很多信息还不明确。它的前肢和后肢都比较长，人们认为它是与巨齿龙相近的肉食性恐龙。

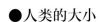

●人类的大小

Y y

Yunnanosaurus
云南龙

云南龙
身长约 7 米
蜥脚形类，植食性恐龙
侏罗纪早期
中国

云南龙学名的意思是"云南（中国地名）的蜥蜴"。它的圆滚滚的身体上长着细细的脖子。走路的时候四肢着地，有时也会用后肢站立。它的脚趾上有锋利的爪，可以作为与肉食性恐龙战斗的武器。

云南龙有可能是马门溪龙的祖先哦。

Z

Zephyrosaurus
西风龙

西风龙学名的意思是"泽费罗斯（希腊神话中的西风之神）的蜥蜴"。它是一种性情温和的小型植食性恐龙，逃跑的时候速度很快。

●人类的大小

西风龙
身长约 1.8 米
鸟脚类，植食性恐龙
白垩纪早期
美国

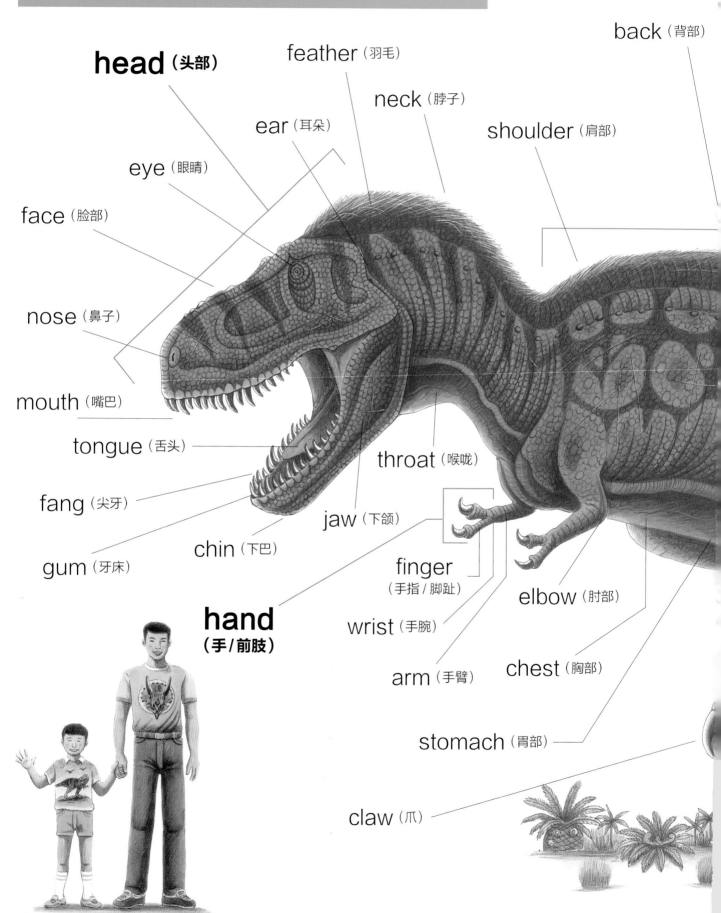

back（背部）

head（头部）

feather（羽毛）

neck（脖子）

ear（耳朵）

shoulder（肩部）

eye（眼睛）

face（脸部）

nose（鼻子）

mouth（嘴巴）

tongue（舌头）

throat（喉咙）

fang（尖牙）

jaw（下颌）

chin（下巴）

gum（牙床）

finger（手指 / 脚趾）

hand（手/前肢）

elbow（肘部）

wrist（手腕）

chest（胸部）

arm（手臂）

stomach（胃部）

claw（爪）

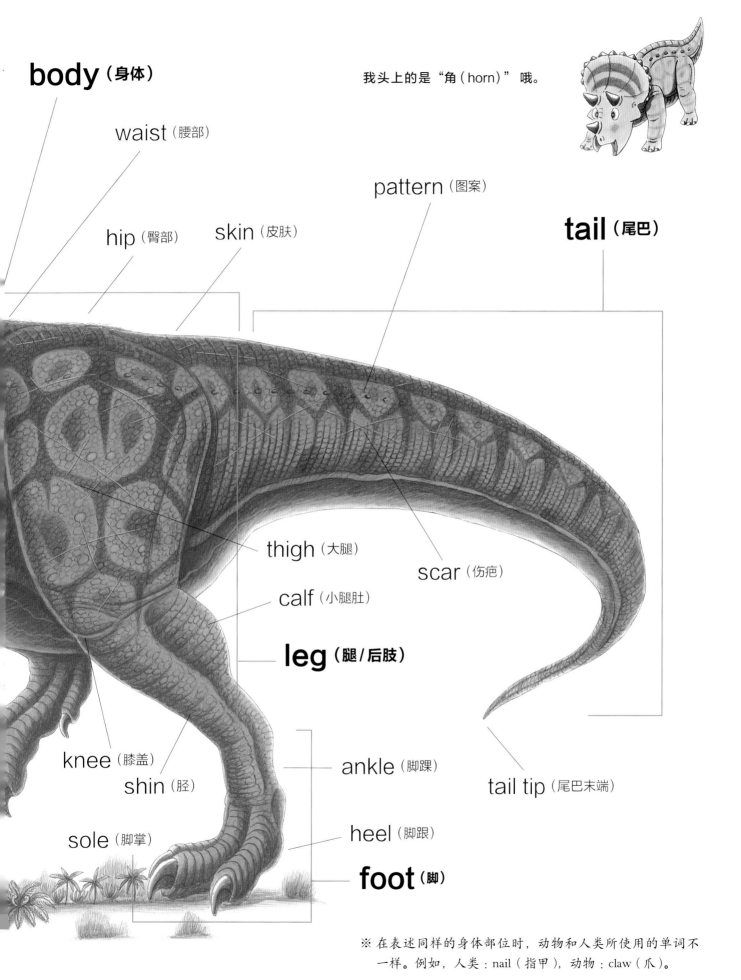

body（身体）

waist（腰部）

我头上的是"角（horn）"哦。

pattern（图案）

hip（臀部）　skin（皮肤）

tail（尾巴）

thigh（大腿）

scar（伤疤）

calf（小腿肚）

leg（腿/后肢）

knee（膝盖）

shin（胫）

ankle（脚踝）

tail tip（尾巴末端）

sole（脚掌）

heel（脚跟）

foot（脚）

※ 在表述同样的身体部位时，动物和人类所使用的单词不
一样。例如，人类：nail（指甲），动物：claw（爪）。

29

■ 肉食性恐龙　　○ 植食性恐龙
▲ 杂食性恐龙

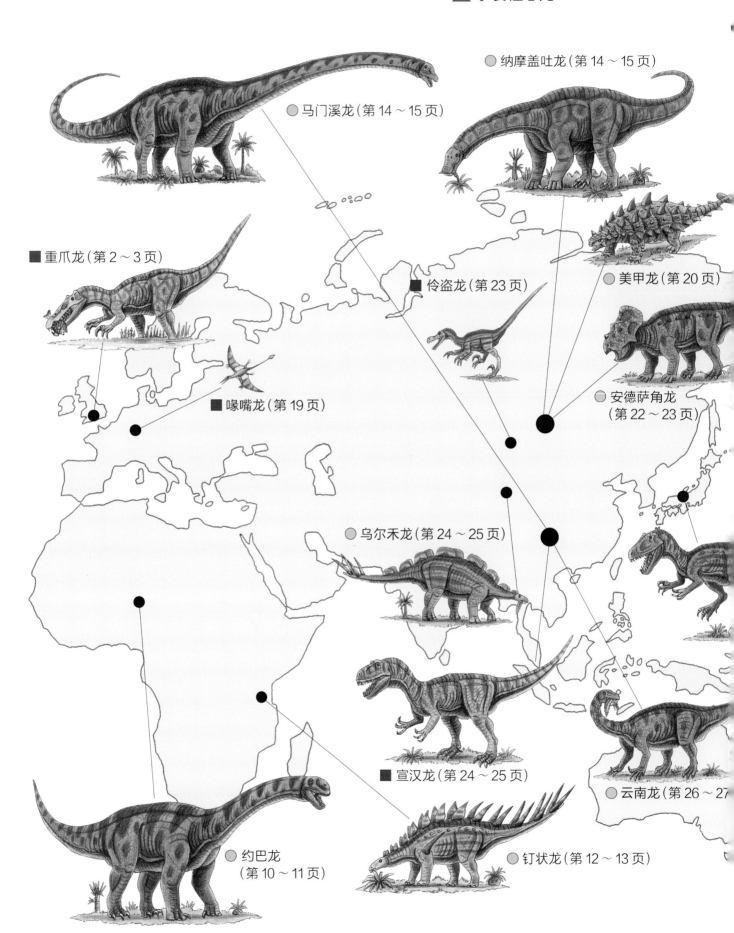

○ 纳摩盖吐龙（第 14～15 页）

○ 马门溪龙（第 14～15 页）

■ 重爪龙（第 2～3 页）

■ 伶盗龙（第 23 页）

○ 美甲龙（第 20 页）

■ 喙嘴龙（第 19 页）

○ 安德萨角龙
（第 22～23 页）

○ 乌尔禾龙（第 24～25 页）

■ 宣汉龙（第 24～25 页）

○ 云南龙（第 26～27

○ 约巴龙
（第 10～11 页）

○ 钉状龙（第 12～13 页）

■ 惧龙(第4～5页)

■ 霸王龙(第20～21、28～29页)

○ 鸭嘴龙(第8～9页)

○ 五角龙(第16～17页)

○ 纤角龙(第13页)

▲ 似鸟龙(第16页)

○ 野牛龙(第6页)

○ 西风龙(第27页)

○ 加斯顿龙(第8页)

■ 福井盗龙(第7页)

■ 风神翼龙(第18～19页)

■ 高棘龙(第2～3页)

■ 激龙(第10页)

■ 食肉牛龙(第4～5页)

索　引

※ 恐龙的名字（学名）基本上使用的是拉丁文和希腊文。

作者简介

● 黑川光广

　　1954 年出生于日本大阪，曾在日本大阪市立美术研究所学习绘画。主要作为儿童插画师开展创作活动，在古生物研究上也有很深的造诣，是日本儿童出版美术家联盟会员。现在在日本东京练马区关町成立了自己的工作室。

　　出版了《恐龙大陆》《恐龙大冒险》《勇敢的三角龙》《受伤的暴龙》《战斗的恐龙　第一辑》《战斗的恐龙　第二辑》等众多作品。

图书在版编目（CIP）数据

ABC 恐龙图册 /（日）黑川光广著；蔡梦瑶译 . —
郑州：大象出版社 , 2020.10（2021.7 重印）
ISBN 978-7-5711-0753-6

Ⅰ . ① A… Ⅱ . ①黑… ②蔡… Ⅲ . ①恐龙 – 儿童读物
Ⅳ . ① Q915.864–49

中国版本图书馆 CIP 数据核字 (2020) 第 177237 号

豫著许可备字 –2020–A–0162

TATAKAU KYÔRYÛ TACHI
KYÔRYÛ ABC
Copyright © 2012 by Mitsuhiro KUROKAWA
First published in Japan in 2012 by Komine Shoten Co., Ltd., Tokyo
Simplified Chinese translation rights arranged with Komine Shoten Co., Ltd.
through Japan Foreign-Rights Centre/ Bardon-Chinese Media Agency

本书中文简体版权归属于银杏树下（北京）图书有限责任公司

ABC 恐龙图册
ABC KONGLONG TUCE

[日] 黑川光广　著　　　　　　蔡梦瑶　译

出 版 人：汪林中　　　　　出版策划：北京浪花朵朵文化传播有限公司
出版统筹：吴兴元　　　　　特约编辑：倪婧婧
编辑统筹：冉华蓉　　　　　营销推广：ONEBOOK
责任编辑：司　雯　　　　　装帧设计：墨白空间·闫献龙
责任校对：毛　路　　　　　美术编辑：王晶晶
出版发行：大象出版社（郑州市郑东新区祥盛街 27 号　邮政编码 450016）
　　　　　发行科 0371-63863551　总编室 0371-65597936
网　　址：www.daxiang.cn
印　　刷：北京盛通印刷股份有限公司 010-52249888
开　　本：889 毫米 ×1194 毫米　1/16
印　　张：2.5
版　　次：2020 年 10 月第 1 版
印　　次：2021 年 7 月第 2 次印刷
书　　号：ISBN 978-7-5711-0753-6
定　　价：48.00 元